BEI GRIN MACHT SICH IHR WISSEN BEZAHLT

- Wir veröffentlichen Ihre Hausarbeit,
  Bachelor- und Masterarbeit

- Ihr eigenes eBook und Buch -
  weltweit in allen wichtigen Shops

- Verdienen Sie an jedem Verkauf

Jetzt bei www.GRIN.com hochladen und kostenlos publizieren

Bibliografische Information der Deutschen Nationalbibliothek:

Die Deutsche Bibliothek verzeichnet diese Publikation in der Deutschen National-bibliografie; detaillierte bibliografische Daten sind im Internet über http://dnb.d-nb.de/ abrufbar.

Impressum:

Copyright © 2009 GRIN Verlag, Open Publishing GmbH
Druck und Bindung: Books on Demand GmbH, Norderstedt Germany
ISBN: 9783640489732

Dieses Buch bei GRIN:

http://www.grin.com/de/e-book/139479/nutzungspotentiale-der-alpen

Sebastian Hammer

Nutzungspotentiale der Alpen

GRIN Verlag

Nutzungspotentiale der Alpen

Sebastian Hammer

Bachelor Geographie 180

5.Semester

Seminar Landschaftsgenese und -gliederung Mitteleuropas

Wintersemester 2008/2009

02.02.2009

InhaltsverzeichnisSeite

1   Einleitung

Bei der Untersuchung von Nutzungspotenzialen im Alpenraum stellen sich vorab zwei Fragenkomplexe. Zum einen, was unter dem Begriff des Nutzungspotentials zu verstehen ist und zum anderen, was die Alpen zu einem Raum macht, der für den Menschen auf eine bestimmte Art nutzbar ist. Am besten lässt sich das Nutzungspotential einer Region über den Begriff des Geopotentials beschreiben. Dieser kennzeichnet alle natürlichen Ressourcen der Erde, dir irgendwie wirtschaftlich nutzbar sind (LESER 2005, S. 290). Inwiefern solche Ressourcen bzw. Potenziale im Alpenraum zu finden sind, soll diese Arbeit aufzeigen. Dabei wird im folgenden Kapitel zunächst die Entstehungsgeschichte der Alpen näher beleuchtet.

2   Die Entstehung der Alpen

Die Entstehung der Alpen lässt sich in vier Phasen zusammenfassen. Den Ausgangspunkt bildet die kaledonisch-variskische Gebirgsbildung, welche vor ca. 450 - 280 Mio. Jahren ablief. In dieser Phase entstehen verschiedenste europäische Gebirge (u. a. das französische Zentralmassiv), welche teilweise in die spätere Alpenbildung mit einbezogen werden (BÄTZING 1991, S. 11). Den zweiten Abschnitt stellt die Phase der Sedimentation dar (vor 200 - 100 Mio. Jahren). In diesem Zeitraum driften die afrikanische und die europäische Platte auseinander und in dem Bereich der heutigen Alpen entsteht ein großes Meer (= Tethys-Meer). Am Boden dieses Meeres lagern sich allmählich mächtige Sedimentschichten ab, die sich im Laufe der Zeit verfestigen. Die Sedimente stammen teils von Schlammablagerungen aus in das Tethys-Meer mündenden Flüssen und zum anderen von Schalen abgestorbener Tiere. In Abhängigkeit von der Meerestiefe entstehen dabei unterschiedliche Sedimentqualitäten, welche die heutige Gesteinsvielfalt in den Alpen begründen (ebd. 1991, S. 11). Die dritte Phase kennzeichnet die alpine Faltung, welche vor 100 - 26 Mio. Jahren von statten ging. Die Faltung beruht darauf, dass „im Rahmen der Kontinentalverschiebung die afrikanische Platte nach Norden driftet" (BÄTZING 1991, S. 12). Dadurch wurden das Tethys-Meer, mehrere Tiefseebecken und die Kontinentalränder zusammengepresst (LIEDTKE u. a. 1995, S. 478). Allerdings staute sich der gesamte Druck an den alten variskischen Gebirgen, wodurch ein Kettengebirge mit einer Bogenform entstand (BÄTZING 2008, S. 30). Durch den großen herrschenden Druck und die enorme Hitze wurden die Sedimente am Boden des Tethys-Meeres verfestigt und zusammengefaltet. Allerdings erfolgt diese Faltung größtenteils in der waagerechten Dimension und die Alpen bekommen in dieser Phase den Charakter eines Mittelgebirges (BÄTZING 1991, S. 12). Die letzte Phase kennzeichnet den Abschnitt der alpidischen Faltung, welche seit ca. 7 Mio. Jahren abläuft. Der Druck der afrikanischen Platte nimmt in dieser Epoche weiter zu, wodurch die gefalteten Gesteine in die Höhe gehoben wurden und die Alpen einen Hochgebirgscharakter bekamen (BÄTZING 2005, S. 30). Diese Phase ist noch immer nicht abgeschlossen, was dazu führt, das sich in den Alpen die Hebung und die Abtragung durch Wasser und Eis ausgleichen. Mit einem Nachlassen des Drucks der afrikanischen Platte und damit aussetzendes Hebungsprozessen, würde die Abtragung dominant werden und die Alpen in ein Mittelgebirge verwandeln.

Durch die beschriebene Entstehungsgeschichte haben die Alpen einige bestimmte Charakteristika, die man auch als Vorraussetzungen für bestimmte Nutzungen verstehen kann. Diese sollen im nächsten Abschnitt näher erläutert werden.

3 Die Nutzungsvorraussetzungen der Alpen

Nutzungsvorraussetzungen sind als solche Merkmale zu verstehen, durch die eine spätere Verwendung durch den Menschen möglich wird. In den nächsten Abschnitten werden daher die Charakteristika „Gesteine der Alpen", „Böden der Alpen", „das Relief der Alpen", sowie „das Klima" und „die Vegetation" der Alpen näher dargestellt. Allerdings sollen in einem vorgestellten Schritt die Alpen noch der Übersicht wegen in Gebiete mit ähnlichen Eigenschaften aufgeteilt werden. Anhand dieser verschiedenen Großlandschaften wird im Folgenden die Beschreibung der Charakteristika vorgenommen.

3.1 Die Großlandschaften der Alpen

Die Alpen, welche in Abbildung 1 zu erkennen sind, lassen sich zur Vereinfachung in drei Großlandschaften aufteilen. Die erste bilden dabei die Kalkalpen. Diese schließen im Norden und im Süden die Alpen nach außen hin ab. Im Zentrum der Alpen findet man die zweite Großlandschaft, die Zentral-alpen. Die dritte Großlandschaft bilden die Räume

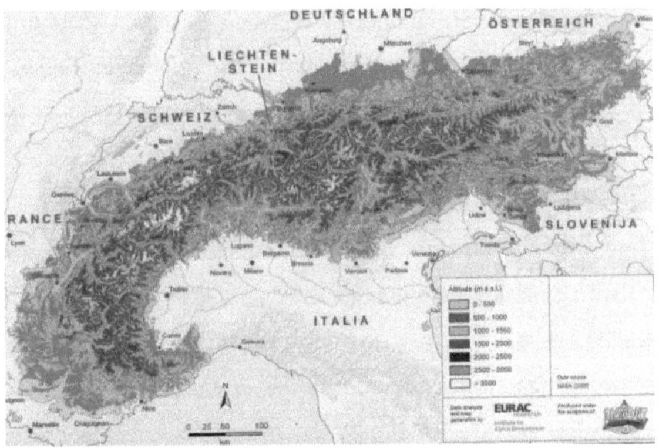

Abb. 1: Die Topographie der Alpen (Quelle: HORSDORF u. a. 2008, S. 62).

zwischen Zentral- und Kalkalpen. Für diese Bereiche gibt es keinen einheitlichen Namen im Alpenraum. Eine mögliche Bezeichnung entstammt dem Dialekt und lautet Grasberge, welche in den folgenden Ausführungen verwendet werden soll (BÄTZING 2005, S. 36ff).

Im folgenden Punkt werden diese Großlandschaften hinsichtlich der dort befindlichen Gesteine untersucht.

3.2   Die Gesteine der Alpen

In den Alpen sind verschiedene Gesteinsqualitäten anzutreffen. Zum einen die Gesteine der alten Massive, welche wegen der doppelten Überformungen sehr hart sind. Als Beispiele wären hier Gneise, Granite und kristalline Gesteine zu nennen.

Anzutreffen sind diese Gesteine im Bereich der Zentralalpen. Eine zweite Gesteinsgruppe sind die Sedimentgesteine, welche in den Alpen in vielfältigster Art und Weise vorkommen. Im Bereich der Grasberge findet man sehr weiche Sedimente in Form von Bündner Schiefer und Flysch, während man im Bereich der nördlichen und südlichen Kalkalpen hingegen sehr harte Sedimente (Kalke, Kristallin) findet. Eine weitere Gesteinsart ist die Molasse. Dies ist Ablagerungsschutt der Gletscher und Flüsse, welche aus dem Gebirge abgetragen, jedoch zu einem späteren Zeitpunkt in eine alpine Faltung und Hebung einbezogen wurden. Diese können sowohl härtere und weichere Gesteine darstellen und sind im Alpenvorland anzufinden (BÄTZING 1991, S. 14).

Die Gesteinsart beeinflusst maßgeblich, welcher Boden zu einem späteren Zeitpunkt in dem Gebiet anzufinden sein wird. Daher werden im nächsten Punkt die Böden der Alpen beschrieben.

3.3   Die Böden der Alpen

In den Kalkalpen sind Böden auf karbonathaltigem Ausgangsgestein zu finden. Allerdings sind diese über die Höhenstufen differenziert. In unteren Lagen (montane Stufe) sind Rendzinen, Pararendzinen und Terra-fusca Böden zu finden. In der subalpinen Stufe findet man noch flachgründige Rendzinen und Pararendzinen und an den Steilhängen Rohböden (LIEDTKE u. a. 1995, S. 214). In den Grasbergen mit dem weichen, leicht zu verwitternden Ausgangsgestein, ist eine gute und tiefgründige Bodenbildung möglich, sodass in dieser Großlandschaft fruchtbare Böden anzutreffen sind (BÄTZING 2005, S. 38). In der dritten Großlandschaft der Alpen, den Zentralalpen, läuft die Bodenbildung sehr langsam ab. Hier findet man Böden auf Silikatgestein, welches oft flachgründige, felsige oder steinreiche Böden mit einer sauren Humusdecke sind (www.hls-dhs-dss.ch, 2007).

Ein weiteres Merkmal der Alpen, was vom Gestein beeinflusst wird, ist das Relief der Alpen. Dieses soll nun im folgenden Abschnitt vorgestellt werden.

3.4   Das Relief der Alpen

Auch das Relief hat in den drei Großlandschaften charakteristische Züge. Im Bereich der Kalkalpen findet man aufgrund des Kalkgesteins oft nur senkrechte Felswände. Durchbrochen werden diese nur vereinzelt durch sehr enge, kurze und schluchtartige Quertäler. Der Bereich der Grasberge hingegen ist durch geringe Gipfel-

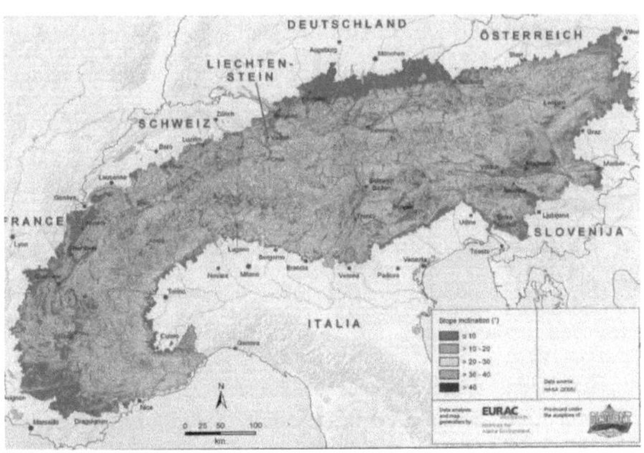

Abb. 2: Das Relief der Alpen (Quelle: BORSDORF u. a. 2008, S. 64)

höhen, moderate Hangneigungen und große, weite Täler gekennzeichnet. Die Region der Zentralalpen hingegen weist ein steiles Relief mit sehr hohen Gipfeln auf und einer Vielzahl an breiten Pässen. Darüber hinaus findet man allerdings auch zahlreiche Kare mit flachem Relief (BÄTZING 2005, S. 36ff). Das Relief der Alpen wird in Abbildung 2 illustriert. Es zeigt die Hangneigung in den Alpen, wobei man im Norden und im Süden anhand der Dunkelfärbung die Steilheit des Reliefs der Kalkalpen erkennt. Auch erkennt man das dunkle Band im Bereich der Zentralalpen, was deren steilen Hänge abbildet, sowie die eher hellen Bereiche, und damit flachen Gebiete, der Grasberge.

Ein weiteres Merkmal, dass eine Nutzung stark determiniert ist das Klima der Alpen. Dieses wird im nächsten Abschnitt vorgestellt.

3.5   Das Klima der Alpen

Die Alpen sind die Klimascheide Europas. Dabei sind die klimatischen Verhältnisse in den Alpen zu komplex, differenziert und variabel, was ein Zusammenfassen von Großregionen anhand der klimatischen Eigenschaften kompliziert macht (BÄTZING 1991, S. 18). Abbildung 3 zeigt einen Versuch der Darstellung des Klimas in den Alpen anhand des jahreszeitlichen Verlaufs der Temperatur und des Niederschlags. Dabei ergeben sich fünf Klimatypen in den Alpen.

Auf das Einbeziehen von hypsometrischen Eigenschaften (Temperaturabnahme bzw. Niederschlagszunahme mit steigender Höhe) muss hierbei verzichtet werden (BORSDORF u. a. 2008, S. 67). Es ergeben sich dadurch fünf Klimatypen für den Alpenraum. Die erste Klimaregion umfasst den nördlichen Teil der Alpen. Diese Region ist von den kalten, polaren Luftmassen aus dem Norden geprägt und ist gekennzeichnet von ganzjährigen Niederschlägen, mit einem Maxi-mum in den Sommermonaten, sowie einem typisch, mitteleuro-päischen Temperaturverlauf (ebd. 2008, S. 67).

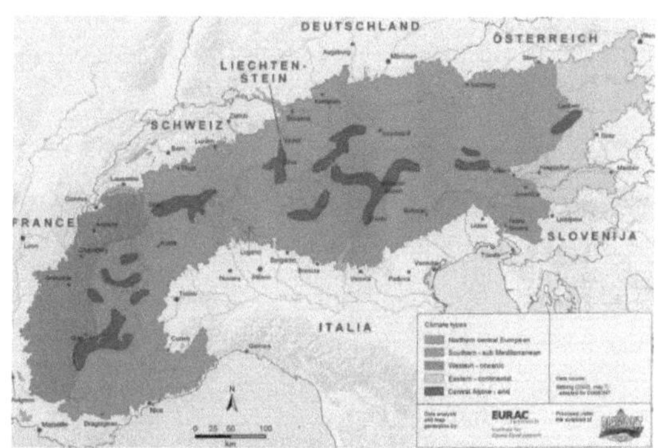

Abb. 3: Die Klimazonen der Alpen (Quelle: HORSDORF u. a. 2008, S. 66)

Der zweite Klimatyp umfasst den kompletten Südalpenraum. Charakteristisch für diesen Raum sind hohe Niederschlagssummen an relativ wenig Niederschlagstagen und Niederschlagsmaxima im Herbst und Frühling. Außerdem herrschen hier hohe Durchschnittstemperaturen mit ausgeprägter Sommerwärme (BÄTZING 1991, S. 19). Die dritte Klimaregion kennzeichnet den westlichen Alpenteil, der von milden, feuchten Luftmassen geprägt wird. Charakteristisch sind „mittlere Niederschlagssummen und relativ ausgeglichene Jahresgänge von Niederschlag und Temperatur (BORSDORF u. a. 2008, S. 67). Der Ostteil der Alpen bildet den vierten Klimatyp. Geprägt durch die trockenen, kontinentalen Luftmassen herrschen hier mittlere Niederschlagssummen mit einem ausgeprägten Sommermaximum und ein kontinentalen Temperaturverlauf. Den fünften Klimatyp bilden die inneralpinen Trockengebiete. Diese Gebiete sind durch geringe Niederschlagssummen und mitteleuropäischen Temperaturverlauf geprägt (ebd. 2008, S. 67).

Das letzte Charakteristikum zur Nutzung der Alpen bildet die Vegetation der Alpen, welche im folgenden Kapitel vorgestellt wird.

3.6   Die Vegetation der Alpen

Die alpine Vegetation wird in seiner Ausprägung von vier Gradienten bestimmt. Die größte Bedeutung kommt dabei dem Höhengradienten zu. Mit zunehmender Höhe steigen die Niederschläge an und die Vegetationszeit nimmt ab.

Man unterscheidet daher verschiedene Vegetationsstockwerke, die für den gesamten Alpenraum charakteristische Pflanzengesellschaften ausbilden. In der collinen Stufe sind Laubwälder, in der montanen Stufe ein Übergang von Laub- und Misch- zu Nadelwäldern und in der subalpinen Stufe ein Übergang von Nadelwäldern zum Krummholz zu finden. Die alpine Stufe ist durch Zwergsträucher und alpinen Rasen gekennzeichnet und in der nivalen Stufe sind nur noch an ausgewählten Standorten Pflanzen zu finden (BÄTZING 1991, S. 21). Der zweite Gradient ist der Zentral-periphere. Er bestimmt, welche Pflanzen sich in den angesprochenen Vegetationsstockwerken ansiedeln. Da der Alpenrand niederschlagsreicher ist als die inneralpinen Täler (große Temperaturunterschiede, lange Trockenperioden), stellt er auch andere Ansprüche an die Pflanzen (ebd. 1991, S. 21). Der Nord-Süd-Gradient hat starken Einfluss auf die Vegetation der collinen Stufen. In den nördlichen Alpenrändern findet man hier vor allem typische Mischwälder mitteleuropäischer Baumarten, währenddessen man in den südlichen Randalpen zunehmend submediterrane und mediterrane Arten vorfinden kann. In höheren Stufen äußerst sich dieser Gradient weniger (BORSDORF u. a. 2008, S. 69). Der West-Ost-Gradient und letzter Gegensatz spielt im Alpenraum eine untergeordnete Rolle. Im Osten ist ein geringer Einfluss der kontinental geprägten pannonischen Vegetation zu erkennen, welche sich von der mitteleuropäischen Vegetation jedoch kaum unterscheidet und nicht weit in den Alpenraum vordringt. Eine westalpine Prägung der Vegetation ist in den Alpen nicht zu erkennen (BÄTZING 1991, S. 23).

Anhand all dieser Charakteristika lässt sich konsternieren, dass die Alpen aus einer Kombination von Gunst- und Ungunsträumen für menschliche Nutzungen bestehen. Als Gunsträume sind die inneralpinen Trockengebiete und der südliche Alpenteil zu betrachten. Der kontinentale Osten und der mitteleuropäisch geprägte Nordalpenteil hingegen kann als Ungunstraum angesehen werden. Welche Art von Nutzungen in den Alpen in den diversen Bereichen möglich ist, wird nun im folgenden Abschnitt vorgestellt.

4 Nutzungspotentiale der Alpen

4.1 Die Alpen als Siedlungsraum

Der Mensch nutzt den Alpenraum schon seit mindestens 100.000 Jahren als Siedlungsraum, was Funde aus der 1500 m hoch gelegenen Wildkirchlihöhle in der Schweizer Ostalpen belegen (BÄTZING 1991, S. 26).

Allerdings stellt der besiedelbare Raum, der für dauerhaftes Wohnen nutzbar ist, in den Alpen ein knappes Gut dar. Für Siedlungs-zwecke sind im Alpenraum nur das schmale Band der Alpentäler, sowie die weniger steilen Hänge verwendbar. So gelten z. B. in Österreich Bereiche mit einer Hangneigung von über 20 % als nur noch ein-

Abb. 4: Die Alpengemeinde Chur (Quelle: BÄTZING 2005, S.   151).

geschränkt für Siedlungszwecke nutzbar. So ist es auch nicht verwunderlich, dass sich in den Alpen ca. 85 % der 6000 Alpengemeinden unterhalb von 1000 m NN befinden (BORSDORF u. a. 2008, S. 65ff). Exemplarisch dafür steht die in Abbildung 4 zu erkennende Alpengemeinde Chur. Die Siedlung konzentriert sich im Rheintal, während an den steilen Berghängen keine Siedlungen zu erkennen sind. Hinsichtlich der Siedlungsstruktur lassen sich für den Alpenraum zwei unterschiedliche Tendenzen erkennen. Zum einen gibt es die Regionen, ca. 33 % der Alpengemeinden, die aufgrund von wirtschaftlichen und sozialen Problemen mit Entsiedlung zu kämpfen haben. 36 % der Alpengemeinden sind dagegen mittlerweile verstädtert und weisen darüber hinaus ein weiteres starkes Siedlungswachstum auf. Die verbleibenden Gemeinden sind weder verstädtert noch können sie als Problemregion bezeichnet werden.

Eine weitere Nutzungsform, die teilweise Konfliktpotential zur Siedlung als Nutzungsform bietet, ist die alpine Landwirtschaft. Diese wird im nächsten Kapitel vorgestellt.

4.2   Die alpine Landwirtschaft

„Die Landwirtschaft war für das Erscheinungsbild sowie die wirtschaftlichen und sozialen Entwicklungen im Alpenraum stets eine wichtige treibende Kraft" (BORSDORF u. a. 2008, S. 219). Die Berglandwirtschaft teilt sich dabei in die Bereiche Ackerbau und Viehzucht auf. Der Ackerbau ist nur in flachen oder schwach geneigten Flächen möglich, was nur in den tiefen Tallagen gegeben ist (ebd. 2008, S. 65). Die Viehwirtschaft hingegen benötigt diese Eigenschaft des Reliefs nicht und kann damit das natürliche Potenzial der Vegetation der großen Grasflächen (Almen, Matten) oberhalb der Baumgrenze nutzen. Außerdem sind zwei Typen der alpinen Landwirtschaft zu unterscheiden. Die romanische Berglandwirtschaft fokussiert stark auf den Ackerbau, während die Viehzucht weniger wichtig ist. Charakteristisch für diesen Typ der Landwirtschaft sind Dauerackerflächen, die eine starke Parzellierung aufweisen. In der germanischen Berglandwirtschaft hingegen wird der Viehwirtschaft große Bedeutung zugemessen, wobei der Ackerbau weniger wichtig ist. Hier findet man große Feldgraswechselflächen, die wenige Jahre dem Ackerbau und anschließend viele Jahre der Viehwirtschaft dienen (BÄTZING 2005, S. 88ff). Im Laufe des 19. Jahrhunderts änderten sich die Rahmenbedingungen für die Landwirtschaft. Durch die Revolution im Transportwesen (Entwicklung von Dampfschiff und Eisenbahn) unterlagen auch die landwirtschaftlichen Produkte den normalen Marktgesetzen von Angebot und Nachfrage. Die landwirtschaftlichen Produkte waren in der Folge auf diesem Markt den günstigen Produkten aus den Kolonien und günstigeren Landwirtschaftsregionen unterlegen. Die Gründe liegen in den durch die Höhe bedingten kurzen Vegetationszeiten, dem höheren Arbeitseinsatz aufgrund des steileren Reliefs und den teilweise sehr kleinen Betriebsgrößen die in der Summe in vergleichsweise hohe Produktionskosten resultieren (BÄTZING 1991, S. 117f). Allerdings traf diese Entwicklung den Ackerbau, der aufgrund des alpinen Reliefs und des Alpenklimas, oft nur mit großer Mühe betrieben werden konnte viel stärker als die Viehwirtschaft. Damit ist auch das System der romanischen Berglandwirtschaft ab dieser Zeit stark benachteiligt und die Zahl der Betriebe geht drastisch zurück. Das System der germanischen Berglandwirtschaft konnte mit seiner Fokussierung auf die Viehwirtschaft im Lauf des 19. Jahrhunderts die Betriebszahl einigermaßen stabil halten. Diese erste Phase führte allerdings noch zu keinen Flächenaufgaben im Alpengebiet. Diese Entwicklung begann erst zur Mitte des 20. Jahrhunderts. Die Flächen, welche von den aufgelösten Betrieben stammte, wurden nicht weiter von anderen Unternehmen übernommen und fielen brach. In Folge dessen wurde ab den 1960ern alpenweit der Ackerbau eingestellt.

Dadurch wurden große talnahe Gebiete zur Wiesennutzung frei und infolge dessen konnten die alten Bergmähder aufgegeben werden und verbuschen im Laufe der Zeit (BÄTZING 2008, S. 126f). Abbildung 5 zeigt exemplarisch eine solche Situation. Eine ehemalige Alm ist zwar noch in Nutzung, allerdings werden aus Kostengründen die Pflegearbeiten nicht mehr ausgeführt und das Gebiet verbuscht. Und diese Entwicklung ist im gesamten Alpengebiet zu Beobachten. Die Situation der alpinen Bergland-wirtschaft lässt sich an einigen Zah-len verdeutlichen. Zwischen 1980 und dem Jahr 2000 wurden 43 % aller landwirt-

Abb. 5: verbuschende Alm (Quelle: BÄTZING 2005, S. 127)

schaftlichen Betriebe geschlossen und der reine Ackerbau macht nur noch 3 % der Alpenfläche aus (BORSDORF u. a. 2008, S. 199ff). „Daneben gibt es aber auch […] Betriebe, die sich bislang erfolgreich auf einen kleinen Marktbereich spezialisiert haben" (BÄTZING 2005, S. 128). Dazu zählen Dauerkulturen wie Wein und Äpfel (BORSDORF u. a. 2008, S. 199). Zwar konnten sich diese Betriebe mit dem Qualitätsmerkmal con Alpenprodukten am Markt etablieren, allerdings sind die Verkaufswerte von landwirtschaftlichen Produkten so gering, dass sie ohne Subventionen und Nebeneinnahmen aus dem Tourismus nicht überlebensfähig wären (BÄTZING 2005, S. 128).

Eine weitere Möglichkeit, den Alpenraum zu nutzen, stellen diverse industrielle Aktivitäten dar, welche im Folgenden erläutert werden.

4.3 Die Industrie in den Alpen

Die industrielle Entwicklung setzte sich in den Alpen relativ zögernd durch. Davor war zwei Typen „alter Industrie" für die Alpen prägend. Zum einen die rohstofforientierte Produktion von Holz und Erzen (v. a. Eisenerz) unter der Zuhilfenahme der vorhandenen Wasserkraft. Zum anderen die eher arbeitsorientierte Textilindustrie (GEBHARDT 1990, S. 53ff). Mit dem Bau der ersten Eisenbahnstrecke durch die Alpen in der Mitte des 19. Jahrhunderts nahm die Industrialisierung raschere Züge im Alpenraum an (BÄTZING 1991, S. 92). Das Wirtschaftsgefüge änderte sich stark in Richtung einer Orientierung zu Energieversorgung und Verkehrserschließung (GEBHARDT 1990, S. 57).

In diesen Zeitraum der Industrialisierung fallen diverse Gründungen von großen Industriebetrieben in den Alpen. Diese lokalisierten sich allesamt im Bereich der tiefen Alpentäler. Eines dieser Industriegebiete ist in Abbildung 6 zu erkennen. Diese zeigt die Industriegemeinde Chur im Rheintal. Die Alpen stellten für die Industriebetriebe zwar ein Peripherraum dar, der allerdings mit einer Reihe von Standortvorteilen auf-warten konnte. Zum einen herrschte in den Tälern ein großes Arbeitskräftepotential von z. T.

Abb. 6: Die Industriegemeinde Visp (Quelle: BÄTZING 2005, S. 130)

ungelernten Arbeiten, aber auch von Hochqualifizierten. Darüber hinaus waren die Täler über den sich entwickelten Eisenbahnbau und das zusehends verbesserte Straßennetz immer günstiger zu erreichen (BÄTZING 2005, S. 130). Außerdem begann um 1880 die Erschließung der Hydroenergie über Kraftwerke als Energielieferant, was auch energieintensiven Branchen wie der Elektrochemie und Elektrometallurgie die Alpen als günstigen Standort rentabel erschienen lies (GEBHARDT 1990, S. 59f). Durch die Beschäftigung Tausender Arbeiter hielt der sekundäre Sektor in der Folgezeit eine sehr starke Stellung in der Industrie der Alpen. Mitte des 20. Jahrhunderts waren über 50 % der Erwerbstätigen in diesem Wirtschaftssektor tätig. (BÄTZING 205, S. 130). Mit dem Übergang zur Dienstleistungsgesellschaft treten allerdings Probleme für den alpinen sekundären Sektor auf. Die einstigen Stadtortvorteile der Alpen verlieren hierbei an Bedeutung. Durch transnationale Verbundnetze werden lokale Energieressourcen unwichtiger und die periphere Lage der Alpen wirkt sich immer negativer aus. Dies führt zu einem massiven Abbau von Arbeitsplätzen im Industrie-sektor (BÄTZING 1991, S. 67).

Abb. 7: Gewerbepark bei Salzburg (Quelle: BÄTZING 2005, S. 133)

Für die „neuen" Industriebetriebe sind nur noch die gute verkehrstechnische Erschließung der Alpen und die Kaufkraft der Anwohner als Standortfaktoren interessant. Es siedeln sich zunehmend ubiquitäre Betriebe im Alpenraum an. Ubiquitäre Betreibe bezeichnen solche Wirtschaftseinheiten, die überall angesiedelt werden können (oder umgesiedelt, falls der Umsatz in einer Region nicht mehr ausreichend ist) und von Firmen aus den großen Metropolen abhängig sind. Auch diese neuen Unternehmen haben sich in den großen, gut erreichbaren Alpentälern entlang der Transitstrecken angesiedelt (BÄTZING 2005, S. 132f). Abbildung 7 zeigt einen typischen Park von neuen Unternehmen am Stadtrand von Salzburg. Neben den beschriebenen Wirtschaftsstrukturen sind in den Alpen außerdem noch verschiedene Wirtschaftsaktivitäten zu finden. So werden vorhandene Rohstoffe wie Käse, Milch und Holz verwertet (BORSDORF u. a. 2008, S. 181). Der Bergbau ist in den Alpen praktisch zum erliegen gekommen, da viele Lagerstätten ausgeschöpft sind. Erwähnenswert ist hier jedoch ein sehr bedeutendes Wolframvorkommen in den Zentralalpen in Mittersill. Wolfram wird hier in Form von Scheelit abgebaut, welches bei seiner Bildung an Silikat gebunden ist. Silikat wiederum stellt das Ausgangsgestein der Zentralalpen dar. Außerdem existieren bedeutende Magnesitvorkommen in den Kalkalpen und diverse Salzlagerstätten (www.staff.uni-mainz.de o. J.).

Ein weiterer wichtiger Rohstoff und gleichzeitig auch wichtiges Nutzungspotenzial stellt die Ressource Wasser dar, welche im nachfolgenden Kapitel vorgestellt wird.

4.4   Die Ressource Wasser

Wie schon im vorstehenden Kapitel angeklungen ist, kommt den alpinen Wasserressourcen in der Entwicklung der Alpen eine entscheidende Rolle zu. Die Alpen sind das Quellgebiet vieler großer europäischer Flüsse. Diese entspringen im Bereich der Zentralalpen, was dem vorherrschenden Ausgangsgestein geschuldet ist. Im Bereich der Kalkalpen ist dies nicht möglich, denn hier versickert das Wasser im Kalkgestein zu schnell und tritt erst im Tal zu Tage. Die Bedeutung des Wassers lässt sich in zwei Bereiche aufgliedern: Das Wasser als Trink- und Brauchwasser und Wasser zur Energiegewinnung (BÄTZING 2005, S. 144ff). Alle alpennahen Großstädte sind heute schon auf das Wasser aus den Alpen angewiesen. Allerdings gibt es aufgrund der unterschiedlichen klimatischen Bedingungen regionale Unterschiede bezüglich dieser Abhängigkeit. Im mediterranen, sommertrockenen Südteil der Alpen ist diese viel stärker ausgeprägt als im gemäßigten Nordteil.

So baute Turin bereits 1896 eine 60 km lange Trinkwasserleitung aus den Alpen in sein Stadtzentrum zur Wasserversorgung seiner Anwohner. Ähnlich stellt sich die Situation beim Bewässerungswasser dar. Durch den in Kapitel 4.2 angesprochenen Wandel in der alpinen Landwirtschaft hin zu intensiven Nutzung besteht auch hier ein großer Wasserbedarf. Das Klima des Südteils weist Niederschlagsmaxima im Frühjahr und Herbst aus, allerdings benötigt die Landschaft Wasser im Sommer. Somit ist der Südteil der Alpen auch beim Brauchwasser auf alpines Wasser (Stauseen) angewiesen. Die zweite Nutzung der Ressource Wasser ist die der Energiegewinnung. Diese hat in den Alpen eine sehr lange Tradition, angefangen beim Betreiben der Mühlen im Zeitalter der Agrargesellschaft (BÄTZING 1991, S. 169ff). Mit der industriellen Revolution stieg der Wasserverbrauch und -bedarf noch einmal deutlich an und so entstanden ab 1880 die ersten Wasserkraftanlagen in den Alpen (BÄTZING 2005, S. 144). Grundsätzlich kann man zwei Arten der Energiegewinnung aus Wasser unterscheiden. Die erste Möglichkeit ist das Laufkraftwerk. Dabei wird die Strömungsgeschwindigkeit eines Flusses (z. T. wird dieser noch leicht angestaut, um die Geschwindigkeit zu erhöhen) genutzt, um die Turbinen eines Kraftwerkes anzutreiben. Diese Kraftwerke liefern kontinuierlich Strom mit erhöhter Produktion zu Zeiten der Schneeschmelze (BÄTZING 1991, S. 171). Die zweite Möglichkeit ist das Speicherkraftwerk, welches in Abbildung 8 zu erkennen ist. Hierbei wird das Wasser über eine gewisse Zeit in einem Stausee gesammelt und dann eine steile Rohrleitung ins Tal geleitet, wo das Wasser dann Turbinen eines Kraftwerks antreibt. Diese

Abb. 8: Speicherkraftwerk am Oberaar (Quelle: http://bildarchiv.kwo.ch/getThumbnail?path=ablage/ Wasserkraft/oberaarsee-staumauer.png&size=medium, Abruf am: 30.01.2009)

Kraftwerke liefern somit Strom auf „Bestellung" und können je nach Bedarf bereitgestellt werden (zum weit erhöhten Preis) (ebd. 1991, S. 171).

Ab Mitte der 1950er setzte dann eine weitere Phase in der alpinen Stromproduktion ein. Um der gestiegenen Nachfrage gerecht zu werden, wurden den Speicherkraftwerken Wasser aus umgebenen Bächen und Flüssen zugeführt hat (BÄTZING 2005, S. 144). Um 1970 entwickelte sich eine dritte Möglichkeit der Wassernutzung in den Alpen: Die der Wasserveredlung.

Dafür wird das Wasser mit Hilfe von billigem Strom (u. a. Bandstrom aus Ölkraftwerken) in hochgelegene Speicherkraftwerke gepumpt und dann zu Spitzenverbrauchszeiten wieder in teuren Strom umgewandelt. Die massenhafte Entstehung von Wasserkraftwerke darüber hinaus auch positiven Effekt auf ein weiteres Nutzungspotential der Alpen. Der Tourismus profitierte sehr stark durch die Infrastruktur der Wasserkraftwerke in Form von Straßen und Seilbahnen, was die touristische Erschließung vieler Gebiete stark vereinfachte (BÄTZING 1991, S. 172).

In welcher Form der Tourismus in den Alpen ausgeprägt ist, soll abschließend im nächsten Kapitel dargelegt werden.

4.5   Der Tourismus in den Alpen

Der alpine Tourismus hat entscheidend zum Aufbau der Volkswirtschaften der alpinen Länder beigetragen (KELLER 1999, S. 53). Den Beginn des alpinen Tourismus kennzeichnet das Ende des 18. Jahrhunderts mit der Besteigung des Mont Blanc (DETTLING 2005, S. 129). Jedoch dauerte es ca. 100 Jahre, bevor die Alpen eine richtige touristische Erschließung erfuhren. In der Belle-Epoque-Phase von 1880 bis 1914, vorangetrieben durch den Eisenbahnschluss der Alpen, entwickelten sich einige wenige Alpenorte zum Urlaubsdomizil der gesellschaftlichen Oberschicht. Es entstanden infrastrukturelle Einrichtungen wie die großen Palasthotels, Schmalspur- und Zahnradbahnen (BÄTZING 1991, S. 143ff). „In den 1920ern und 1930ern wird der Alpenurlaub auch für die Mittelschicht populär, und es entsteht erstmals ein breiterer Wintertourismus mit den ersten mechanischen Aufstiegshilfen" (BÄTZING 2005, S. 135). Der moderne Massentourismus in seiner bekannten Form entwickelte sich in den 60er Jahren (Sommertourismus) bzw. in den 1970er Jahren (Wintertourismus) (LICHTENBERGER 2005, S. 309). In dieser auch als Goldgräberzeit bekannten Epoche entstanden explosionsartig bis 1985 jene touristischen Anlagen und Einrichtungen die man heute überall in den Alpen findet. Seit dieser Zeit stagniert der Alpentourismus auf sehr hohem Niveau, allerdings ist vermehrt, durch große Überkapazitäten, ein starker Konkurrenzkampf unter den Anbietern zu verzeichnen.

Dies hat zur Folge, dass viele kleine Tourismusbetriebe hoch verschuldet sind und z. T. auch schon aufgelöst wurden, so dass sich der Tourismus in den Alpen zunehmend auf die großen Tourismusorte mit einer kompletten Angebotspalette konzentriert. Dieses wird durch folgende Zahlen noch unterlegt. Von den 6000 Alpengemeinden verzeichnen nur knappe 10 % eine touristische Monostruktur, weitere 10 % verzeichnen einen relevanten Tourismus. Die restlichen 80 % der Alpengemeinden haben gar keinen oder nur einen geringen Tourismus aufzuweisen (BÄTZING 2005, S. 134f). Ca. eine Millionen Touristen besuchen pro Jahr das Gebiet der Alpen (KRUPPA 1999, S. 65). Die Palette der touristischen Aktivitäten in den Alpen ist durch die ganzjährige Nutzung sehr breit gefächert. Sie reicht von klassischen Wintersportaktivitäten wie Skilanglauf, Skiabfahrt und Snowboard über Sommeraktivitäten wie Wandern, Mountainbiken und Klettern hinzu Trendsportarten wie Canyoing und Riverrafting (BÄTZING 2005, S. 22). Abbildungen 9 und 10 geben einen kleinen Einblick in die touristischen Möglichkeiten der Alpen.

Abb. 9: Wandertourismus in den Alpen (Quelle: http://www.kahlhammer.at/ admin/bilder-texte/wandern-01.jpg, Abruf: 30.01.09

Abb. 10: Skitourismus in den Alpen (Quelle: http://www.alpenparadies.com/uploads/pics/ hintertuxer_gletscher.JPG, Abruf: 30.01.09)

5   Fazit

Wie die vorangestellten Ausführungen aufgezeigt haben, verfügen die Alpen über ein immenses Nutzungspotential. Dabei handelt es sich bei den Darstellungen nur um die Hauptnutzungsarten. Darüber hinaus existieren besonders im Tourismusbereich noch etliche Variationen (Ökotourismus). Auch der Naturschutz ist eine sich entwickelnde, weitere Nutzungsform der Alpen. Was auch herausgestellt wurde, ist dass sich ein Großteil der Nutzungen im Gunstraum der Grasberge abspielt, während die Kalkalpen praktisch gar nicht und die Zentralalpen nur im bestimmten Maße nutzbar sind.

Literaturverzeichnis

BÄTZING, W. (1991): Die Alpen. Entstehung und Gefährdung einer europäischen Kulturland-schaft. München.

BÄTZING, W. (2005): Bildatlas Alpen. Eine Kulturlandschaft im Portrait. Darmstadt.

BORSDORF, A. / TAPPEINER, U. / TASSER, E. (2008): Alpenatlas. Society - Economy - Envoronment. Würzburg.

DETTLING, S. (2005): Sporttourismus in den Alpen. Die Erschließung des Alpenraums als sporttouristisches Phänomen. Marburg.

GEBHARDT, H. (1990): Industrie im Alpenraum. Stuttgart.

KELLER, P. (1999): Alpiner Tourismus im globalen Wettbewerb: Sollen Regierungen den Tourismus als strategischen Wirtschaftszweig fördern? In: FUCHS, M. / PETERS, M. / PIKKEMAAT, B. / REIGER, E. (Hrsg.): Tourismus in den Alpen. Innsbruck.

KRUPPA, R. (1999): Messung der Dienstleistungsqualität im alpinen Raum. In: FUCHS, M. / PETERS, M. / PIKKEMAAT, B. / Reiger, E. (Hrsg.): Tourismus in den Alpen. Innsbruck.

LESER, H. [Hrsg.](2005): Wörterbuch Allgemeine Geographie. München

LICHTENBERGER, E. (2005): Europa. Geographie, Geschichte, Wirtschaft, Politik. Darmstadt.

LIEDTKE, H. / MARCINEK, J. [Hrsg.] (1995): Physische Geographie Deutschlands. Gotha.

http://www.staff.uni-mainz.de/hjfuchs/Alpen/Alpenexkursion%20web/Bodenschaetze.htm, Abruf am: 31.01.2009

http://www.hls-dhs-dss.ch/textes/d/D8569-3-2.php, Abruf am: 31.01.2009